N° 97

Prix : 10 centimes.

SCIENCE

LA DIRECTION DES BALLONS

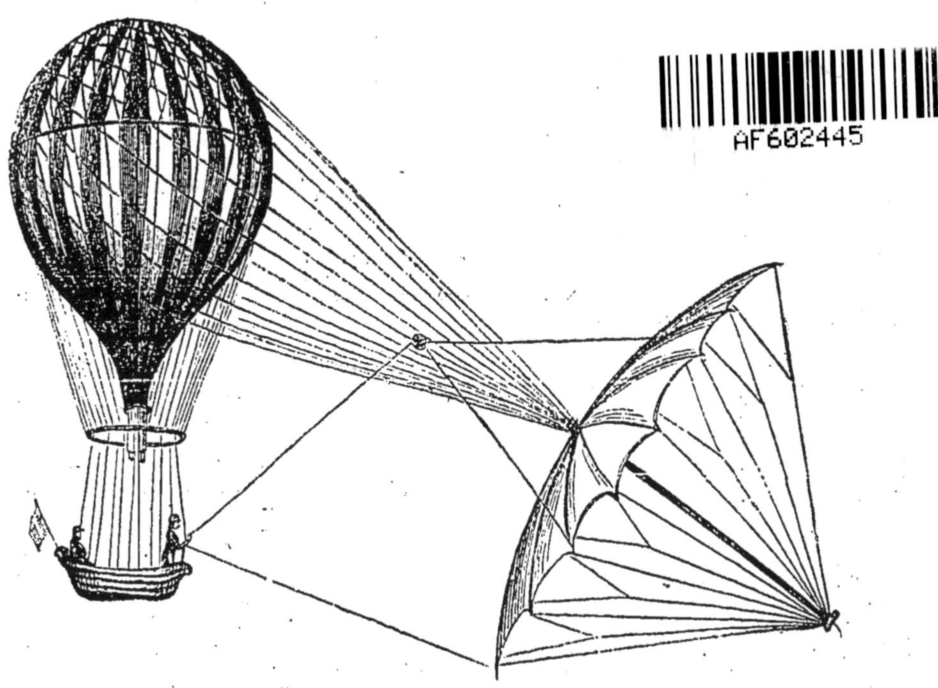

L. BOULANGER, éditeur, 90, boul. Montparnasse, PARIS.

LE LIVRE POUR TOUS

VOLUMES PARUS

1. Hygiène : *La santé.*
2. Médecine : *Les maladies et les remèdes.*
3. Science : *La photographie.*
4. Littérature : *La littérature française.*
5. Géographie : *L'Afrique française.*
6. Armée : *Le service militaire.*
7. Science : *L'astronomie.*
8. Histoire : *Histoire romaine.*
9. Horticulture : *Les fleurs.*
10. Travaux manuels : *La couture.*
11. Hygiène : *Les falsifications.* Aliments.
12. Hygiène : *Les falsifications.* Boissons.
13. Armée : *Les écoles militaires.* Saint-Cyr.
14. Finances : *Les douanes.*
15. Enseignement : *Grammaire anglaise.*
16. Médecine : *Anatomie et physiologie.* Appareil digestif.
17. Économie sociale : *Les impôts.*
18. Science : *Éléments d'arithmétique.*
19. Littérature : *La littérature française.* Le XVIe siècle.
20. Économie sociale : *L'épargne.*
21. Droit : *La justice de paix.*
22. Géographie : *L'Europe.*
23. Économie sociale : *Les assurances.*
24. Science : *L'électricité.*
25. Beaux-Arts : *La peinture sur porcelaine.*
26. Agriculture : *Les engrais.*
27. Littérature : *La littérature française.* XVIIe siècle, 1re période.
28. Économie domestique : *La cave et les vins.*
29. Droit civil : *Les enfants.*
30. Science : *Botanique,* 1re partie.
31. Hygiène : *La première enfance.*
32. Arts d'agrément : *Les feux d'artifice.*
33. Science : *La chimie.*
34. Horticulture : *Les arbres fruitiers.*
35. Droit civil : *Le mariage.*
36. Géographie : *La Russie.*
37. Agriculture : *La viticulture.*
38. Arts d'agrément : *La pêche.*
39. Littérature : *La littérature française.* XVIIIe siècle, 2e période.
40. Science : *Botanique.* La vie des plantes, 2e part. Fleurs et fruits.
41. Science : *Les microbes.*
42. Arts d'agrément : *La chasse.*
43. Géographie : *L'Allemagne.*
44. Histoire : *La France,* 1re partie.
45. Littérature : *La littérature française.* XVIIIe siècle.
46. Science : *L'homme préhistorique.*
47. Géographie : *L'Océanie.*
48. Littérature : *La littérature française.* XIXe siècle.
49. Histoire : *La France,* 2e partie.
50. Enseignement : *Grammaire anglaise.* Syntaxe et prononciation.
51. Science : *Cosmographie,* 1re part.
52. Science : *Cosmographie,* 2e partie.
53. Métiers : *L'imprimerie.*
54. Histoire : *Histoire de France.*
55. Métiers : *La typographie.*
56. Cuisine : *L'office.*
57. Travaux manuels : *Le tricot.*
58. Cuisine : *Les viandes,* tome I.
59. Cuisine : *Les viandes,* tome II.
60. Histoire : *Histoire ancienne.*
61. Science : *Torpilles et torpilleurs.*
62. Médecine : *La rage et l'Institut Pasteur.*
63. Armée : *Les fusils à répétition.*
64. Science : *Les tremblements de terre.*
65. Armée : *Les projectiles.*
66. Science : *Les ballons dirigeables.*
67. Armée : *Les mitrailleuses.*
68. Science : *L'électricité au théâtre.*
69. Industrie : *Le canal de Suez.*
70. Industrie : *Les aiguilles.*
71. Armée : *Les canons.*
72. Industrie : *Les locomotives.*
73. Science : *La lumière électrique.*
74. Industrie : *Les mines.*
75. Viticulture : *Le phylloxera.*
76. Industrie : *Le tissage de la soie.*
77. Grandes écoles : *La manufacture de Sèvres.*
78. Hygiène : *L'alcool.*
79. Grandes écoles : *Les Gobelins.*
80. Beaux-Arts : *Les faïences anciennes.*
81. Littérature : VICTOR HUGO. *A travers son œuvre.*
82. Industrie : *Les tissus façonnés.*
83. Littérature : MOLIÈRE. *Les précieuses ridicules.*
84. Littérature : MOLIÈRE. *Le tartufe,* I.
85. — — — t. II.
86. Industrie : *Les alcools,* tome I.
87. — — tome II.
88. — *La bougie.*
89. Arts et métiers : *La gravure,* t. I.
90. — — t. II.

POUR PARAITRE

91. Littérature : BEAUMARCHAIS. *Le Barbier de Séville,* tome I.
92. Littérature : BEAUMARCHAIS. *Le Barbier de Séville,* tome II.
93. Littérature : MOLIÈRE. *L'école des maris.*
94. Littérature : HÉGÉSIPPE MOREAU. *Contes.*
95. Science : *Les moteurs à gaz.*
96. — *Les premiers ballons.*
97. — *La direction des ballons.*
98. — *Les piles électriques,* I.
99. — — t. II.
100. Littérature : LA FONTAINE. *Fables choisies.*

10 centimes le volume.

LE LIVRE POUR TOUS

Aujourd'hui un livre, quel qu'il soit, ne peut compter sur un grand succès durable que s'il est tellement *bon marché* que tout le monde puisse l'acheter sans compter, s'il est *tellement intéressant* et utile, que tout le monde dise : « *Je veux le lire, l'avoir et le garder.* »

Or il n'y a pas de livres d'un intérêt plus réel, d'une utilité plus pratique et plus constante que ceux qui fournissent des *renseignements précis et complets* sur ce que tout le monde veut savoir et doit connaître.

Mais ces livres d'information et de référence ne sont vraiment bons qu'à la condition d'être des guides toujours sûrs, des conseillers toujours prêts à répondre exactement aux nombreuses questions que l'on a sans cesse à résoudre. Ils doivent être méthodiques, exacts, clairs, faciles à manier, commodes à emporter partout avec soi. Ils doivent en outre constituer dans leur ensemble la meilleure et la plus parfaite des encyclopédies; et en même temps chacune de leurs parties doit former un tout distinct, de telle sorte que celui qui veut se contenter de cette partie unique y trouve tout ce dont il a besoin.

Un dictionnaire ne peut réunir ces avantages : s'il est volumineux, il est cher et par conséquent pas à la portée de tous; s'il est petit, il est restreint, et les articles en sont nécessairement écourtés, incomplets. De plus le dictionnaire renvoie d'un mot à l'autre, il ne peut se lire à la suite, il contient des redites. Les manuels, les traités sont évidemment plus utiles, mais ils sont d'ordinaire d'un prix élevé, surtout quand il s'agit de questions spéciales ou scientifiques ou techniques.

Nous avons pensé qu'il restait à créer une collection réunissant, à la fois, l'utilité des dictionnaires et celle des manuels, et d'un prix si minime que tout le monde puisse se la procurer.

Nous avons donné à cette collection un titre général disant d'un mot ce qu'elle est :

Le Livre pour tous, c'est-à-dire le livre indispensable à tout le monde, le livre auquel on doit avoir recours en toute occasion et qui mérite toute confiance.

Le Livre pour tous donne à tous les connaissances nécessaires à tous. Il est le vade-mecum de toute instruction pratique, le répertoire de toutes les sciences usuelles.

Le Livre pour tous est le livre de tous ceux qui travail-

lent, qui étudient, qui s'informent, qui veulent s'éclairer, c'est-à-dire tout le monde.

Ce qui distingue notre collection de toutes celles que l'on a publiées dans le même genre et ce qui fait sa supériorité sur toutes les compilations adressées aux lecteurs sous prétexte de vulgarisation, ce qui doit lui donner la préférence sur les dictionnaires et les manuels, c'est, nous le répétons :

1° Le *bon marché*. — Chacun de nos volumes ne coûte que **10** centimes, et contient comme texte le tiers d'un volume ordinaire de 300 pages vendu **3** fr. **50** et même de **4** à **6** francs.

2° L'*abondance et l'exactitude des renseignements*. — Chacun de nos volumes est rédigé avec le plus grand soin par des auteurs compétents d'après les travaux les plus récents et les plus autorisés.

3° La *commodité du format*. — Chacun de nos volumes peut facilement tenir dans la poche, on peut l'emporter avec soi à la promenade, le lire en voiture, en omnibus, en chemin de fer.

4° La *clarté du texte*. — Les volumes sont imprimés en caractères neufs, lisibles sans fatigue, et les matières sont disposées de telle sorte que d'un coup d'œil on trouve ce que l'on cherche.

5° La *valeur documentaire*. — Chaque volume forme un tout; mais l'ensemble des volumes forme une encyclopédie. Dans chaque volume, chaque sujet est traité à fond. De plus chaque volume est accompagné de documents, de tables de références, de tables statistiques, etc., qui sont d'un usage précieux.

Il suffit d'avoir sous les yeux un seul de nos volumes pour se rendre compte de l'importance de notre collection et des services qu'elle rend.

Tous les volumes de la collection sont rédigés avec le même soin, d'après la même méthode et dans le même but d'utilité.

N. B. **Le Livre pour tous** *peut être mis dans toutes les mains. C'est la meilleure récompense à donner aux élèves dans toutes les écoles. C'est la collection la plus utile à tout le monde.*

L'éditeur-gérant : L. BOULANGER.

Sceaux. — Imp. Charaire et Cie.

DIRECTION DES BALLONS

DIRECTION DES BALLONS

Nous avons dit ailleurs [1] que les frères Montgolfier, dès le début de leurs expériences, s'étaient préoccupés de l'idée, — bien naturelle d'ailleurs, — de diriger les ballons; mais rien ne laisse supposer que la machine que voulait faire Joseph, et que son frère le chanoine lui conseillait de construire en forme de poisson, ait vu le jour.

Du moins du fait des Montgolfier, car il parut à cette époque un poisson volant, qui fut expérimenté avec un certain succès en Espagne, du moins si l'on s'en rapporte absolument à la gravure (reproduite ci-contre) qui en fut répandue et qui portait comme légende :

« Poisson aérostatique, enlevé à Plazentia, ville d'Espagne, située au milieu des montagnes, et dirigé par don José Patinha jusqu'à la ville de Coria, au bord de la rivière d'Aragon, éloignée de deux lieues de Plazentia, le 10 mars 1784. »

Mais cette gravure pourrait bien être un poisson d'avril, un peu en avance, car on ne trouve pas trace d'ascension aérostatique, entreprise par don José Patinha, avant le 19 septembre 1784, et il est d'autant moins prouvé que cet inventeur ait dirigé son esquif à *son gré*, qu'il n'a pas renouvelé l'expérience.

La direction de la machine aérostatique anglaise, qui avait précédé celle-là, n'est guère plus authentique, on ne la connaît non plus que par la gravure affirmant que ce ballon, car c'est un vrai ballon, s'est enlevé le 22 décembre 1783, au village de Dessessebrugue, dans le pays de Galles, et que,

1. Voir le 96e volume de la collection.

dirigé à volonté par le docteur Jonathan, il a fait dix lieues dans l'air, avant de redescendre à l'endroit d'où il était parti.

Seulement, la légende est plus explicite ; elle donne quelques détails sur la construction de la machine, qui était, paraît-il, en fil de laiton très fin, laminé et tissé en forme de toile, et recouverte d'une toile de coton enduite de mastic ; le gouvernail était en même matière et la voile, de toile ordinaire.

Poisson aérostatique de don José Patinha.

Ce ballon n'avait point mauvaise grâce sur la gravure, mais ni la voile ni le gouvernail ne lui servirent jamais et le canon que l'on voit à l'extrémité de la nacelle n'a jamais existé que dans l'imagination du dessinateur.

La vrai première tentative de direction de ballon a été faite par Blanchard, le 2 mars 1784 ; encore était-elle sans conviction, c'était un pis-aller ; Blanchard, qui n'avait jamais pu réussir à enlever de terre sa machine à voler dont nous avons déjà parlé, s'imagina de l'accrocher à un ballon, avec une modification importante, puisqu'elle est l'idée première du parachute.

Cette ascension ne fut, d'ailleurs, pas heureuse ; Blanchard monta dans sa nacelle avec Dom Pech, un bénédictin très fort en physique et passionné pour l'aérostation, mais le ballon, qui s'était troué pendant les préparatifs, ne s'enleva pas au delà de cinq à six mètres, la nacelle retomba si rudement sur le sol, que malgré son amour pour la navigation aérienne, le bénédictin se laissa parfaitement convaincre que le ballon était trop lourd pour enlever deux personnes et s'en retourna chez lui, pendant que Blanchard, qui avait fait sa recette et ne voulait pas rendre l'argent, réparait l'avarie pour s'enlever tout seul.

Machine aérostatique du docteur Jonathan.

Mais autre incident : au moment où il allait partir, un élève de l'Ecole militaire, Dupont de Chambon, s'élance dans la nacelle et veut partir aussi; Blanchard refuse, l'autre insiste et finit par tirer son épée dont il blesse légèrement l'aéronaute, déchire les ailes de la machine et brise le gouvernail, de telle sorte que lorsque Blanchard, enfin débarrassé de ce jeune fou, put faire son ascension, il opéra exactement comme avec un ballon ordinaire.

Son parachute, son vaisseau volant, ne servirent absolument qu'à éblouir les assistants et s'il descendit à Billancourt, c'est que le vent l'y avait porté.

Il prétendit pourtant le contraire et assura avoir dirigé son aérostat, avec son gouvernail et ses rames, mais des physiciens qui avaient suivi son ascension d'un lieu élevé, ont démenti ses assertions.

Ce qui les dément encore mieux, c'est que dans les nombreuses ascensions qu'il fit ensuite, il ne s'embarrassa plus de son vaisseau volant, tout au plus conserva-t-il, dans les premiers temps, son gouvernail, tout aussi inutile que le reste.

Quant au parachute, que le premier il accrocha à un ballon, il ne s'en servit personnellement que plus tard, lorsque Garnerin eût fait sans danger ses premières expériences de descente, qui lui donnèrent, en quelque sorte, la gloire de l'invention, bien qu'elle appartienne à un physicien de Montpellier, nommé Sébastien Lenormand, lequel, en somme, n'avait fait que mettre en pratique un procédé qu'il avait trouvé dans les livres.

Ayant lu dans une relation de voyages que, pour amuser leur roi, des esclaves se laissaient tomber d'une très grande hauteur, sans se faire le moindre mal, à l'aide d'un parasol ouvert qui ralentissait leur chute, en trouvant de la résistance dans l'air; il voulut essayer par lui-même et se laissa aller de la hauteur d'un premier étage, tenant un parapluie de chaque main; la chute lui parut insensible.

Alors il se fit fabriquer un parapluie assez grand pour avoir dans l'air la résistance suffisante à porter le poids d'un homme (5 mètres de diamètre), et, dans les derniers jours de décembre 1783, il fit, du haut de la tour de l'observatoire de Montpellier, une expérience publique à laquelle assista Montgolfier.

L'appareil nouveau prit le nom de parachute, et, comme nous l'avons vu, Blanchard s'en empara, d'abord comme en-cas pour sa machine à voler dont il reconnut bientôt l'inutilité, ensuite pour augmenter l'intérêt de ses ascensions, en donnant au public le spectacle d'une descente en parachute, d'animaux divers qu'il attachait après.

Bien que ces expériences, souvent répétées, eussent toujours réussi, il ne lui vint jamais à l'idée de perfectionner

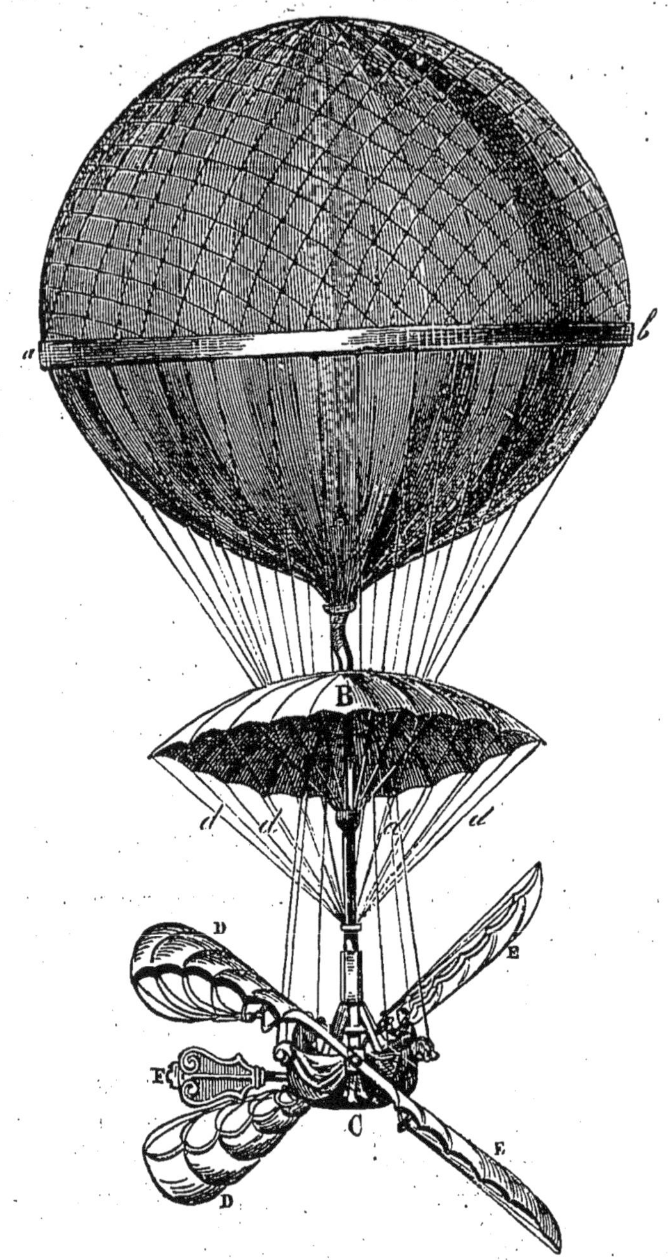

Ascension de Blanchard, 2 mars 1784.

A, globe aérostatique attaché sur le cercle *ab*. — B, parasol dont les branches sont maintenues au manche par les ficelles *d*, *d*; il ne doit servir qu'en cas d'accident pour éviter une chute violente. — C, vaisseau portant les voyageurs, fixé au manche du parachute. — D, E, nageoires mues alternativement par les voyageurs. — F, gouvernail.

le parachute pour en faire, au besoin, un instrument de sauvetage pour l'aéronaute, et ce ne fut que treize ans plus tard que Jacques Garnerin y pensa.

Le 13 octobre 1797, cet aéronaute partit du parc Montceaux avec un ballon dont la nacelle était fixée à un parachuté, coupa la corde qui le retenait à l'aérostat et descendit ainsi, au grand effroi des spectateurs, sans accident, il est vrai, mais non sans avoir couru des dangers, qu'il conjura bientôt en perfectionnant son appareil, c'est-à-dire en perçant son sommet d'une ouverture circulaire surmontée d'un tuyau de 1 mètre de hauteur par où l'air accumulé dans la concavité du parachute s'échappe, ce qui laisse à l'appareil toute sa puissance de résistance, et supprime les oscillations qui avaient failli coûter la vie à Garnerin.

Ce perfectionnement a servi à l'aéronaute de brevet d'invention, car le parachute d'aujourd'hui est exactement ce qu'il était en 1797, c'est-à-dire un parasol de 5 mètres de rayon, composé de 36 fuseaux de taffetas, cousus ensemble et réunis au sommet à une rondelle de bois qui supporte, au moyen de quatre cordes de 10 mètres de longueur, le panier d'osier qui sert de nacelle au parachute.

A cette corbeille sont encore attachées 36 ficelles partant des extrémités de chacun des fuseaux du parachute, dans le but de l'empêcher de se retourner par l'effort de l'air déplacé. précaution capitale, du reste, car sans cela l'appareil n'offre plus aucune sécurité.

Mais fermons cette parenthèse pour reprendre notre nomenclature, qui, pour être à peu près stérile, n'en a pas moins son intérêt.

Guyton de Morveau fit ensuite à Dijon des expériences de direction avec un ballon créé sur ses plans, et construit aux frais de l'académie de Dijon.

Une première ascension faite par lui et l'abbé Berteaux, le 25 avril 1784, ne doit pas compter parce qu'au moment du départ le vent emporta la plus grande partie de ses appareils, mais il répéta l'expérience plusieurs fois, tant avec l'abbé Berteaux qu'avec M. de Virelly, et s'il se félicita d'abord du succès, c'était évidemment pour ne pas décourager les souscripteurs, car le mémoire qu'il fit ensuite de ses essais ne péchait pas par l'enthousiasme, si bien qu'Etienne Montgolfier à qui il l'avait adressé, put lui réprondre ceci :

« L'écueil imprévu qui vous a empêché de réaliser votre projet de voyage, de *poste* en *poste*, ne doit point vous décourager et vous empêcher de le tenter de nouveau. J'ai surtout admiré la franchise avec laquelle vous exposez les obstacles qui ont contrarié vos expériences, et les moyens que vous avez imaginés pour les surmonter. C'est ainsi qu'on devrait toujours écrire sur les sciences, sacrifier son amour-propre à leur avancement et rendre compte même de ses fautes pour les éviter aux autres.

« Un mémoire comme le vôtre leur est plus utile que vingt de ces poétiques descriptions qui se font gloire d'ajouter le vernis du merveilleux, comme si la nature n'était pas assez grande par elle-même sans les ornements étrangers qu'y ajoute lenr imagination. »

Bref, Guyton de Morveau échoua dans ses tentatives et l'académie de Dijon en fut pour les frais de nombreuses ascensions.

Disons maintenant un mot de l'appareil.

C'était un ballon ordinaire, en soie, gonflé de gaz hydrogène, mais la partie supérieure était recouverte d'un solide filet en tresse de ruban s'attachant à un assez large cercle en bois, qui entourait le ballon au plus grand de sa circonférence et avait pour mission, non seulement de soutenir la nacelle au moyen de cordes, mais encore de servir de point d'appui aux engins de direction, c'est-à-dire à deux voiles de sept pieds de haut sur onze de large, tendues sur des cadres de bois, placés diamétralement en face l'un de l'autre comme pour figurer la poupe et la proue du navire aérien.

L'une de ces voiles, sur laquelle étaient peintes les armes des Condé, devait fendre l'air dans la direction voulue, et l'autre, agir comme gouvernail.

Entre ces deux palettes, qui ne réussirent guère qu'à faire imprimer par le vent un mouvement giratoire au ballon, il y en avait deux autres, de vingt-quatre pieds de superficie, qui devaient battre l'air comme les ailes d'un oiseau ; le tout devait être manœuvré, à l'aide de ficelles, par les aéronautes placés dans la nacelle.

Mais il aurait fallu qu'ils fussent pour cela plus de deux, et le ballon ne disposait pas d'une force ascensionnelle capable d'enlever plus de deux personnes, car ladite nacelle portait aussi des rames qui demandaient à être constamment actionnées et exactement, dans le même sens que celles du haut, pour n'en pas contrarier l'effet.

Outre cette difficulté, il y en avait une autre, provenant de la mauvaise disposition de l'aérostat, et qui occupait presque continuellement l'un des voyageurs : l'appendice, très prolongé en pointe jusque dans la nacelle, était fermé par une soupape qu'il fallait constamment ouvrir, pour

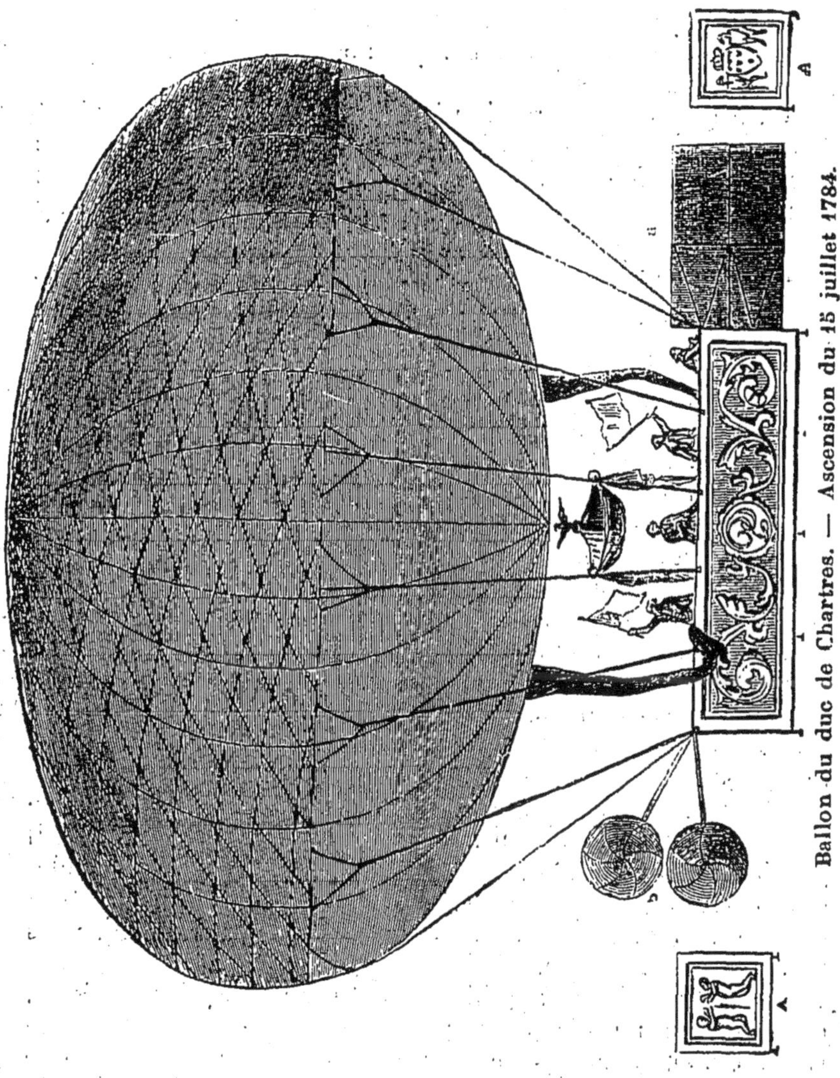

Ballon du duc de Chartres. — Ascension du 15 juillet 1784.

éviter que la dilatation du gaz ne fît éclater le ballon, dont l'enveloppe était comprimée par l'équateur en bois.

La manœuvre des voiles était donc à peu près impossible, et c'est sur le compte de cette défectuosité que l'on mit le non résultat définitif de l'entreprise.

Pendant que les Dijonnais perdaient leur temps en expériences, de moins en moins douteuses, le duc de Chartres qui devait être célèbre à un autre titre que celui d'aéronaute, sous le nom de Philippe Egalité, entreprenait de son côté de résoudre le problème, qu'on commençait à déclarer insoluble.

Il fit construire par les frères Robert un ballon ayant la forme d'un œuf et dix-huit mètres de hauteur, sur douze de diamètre; comme si cette nouveauté d'aspect ne suffisait pas, Meunier, depuis général de la République, mais qui s'occupait alors beaucoup de physique, imagina de remplacer la soupape par un petit ballon gonflé d'air atmosphérique, que l'on plaça dans le grand comme une sorte de diaphragme, avant qu'il fût rempli de gaz hydrogène.

De plus, comme appareils dirigeants, on pourvut la nacelle, rectangulaire et très vaste, d'un gouvernail en toile, tendue sur un châssis rectangulaire, qui s'adaptait d'un côté, tandis que de l'autre il y avait deux disques mobiles qui devaient faire office de rames ou d'ailes.

L'ascension qui se fit à Saint-Cloud, le 15 juillet 1784, fut une curiosité ; il y avait tant de monde que les personnes les plus rapprochées se résignèrent à mettre un genou en terre pour que les autres pussent suivre les détails du départ.

Il fut magnifique : le ballon, trop gonflé, s'enleva comme une plume, emportant le duc de Chartres, les deux frères Robert et un de leurs cousins, M. Collin

En quelques minutes, il disparut dans les nuages, mais les ayant traversés, il entra dans une atmosphère où les vents étaient si violents, que le ballon leur offrant une large prise par son gouvernail, tournait sur lui-même avec une vitesse inquiétante, tout en montant dans l'espace.

On commença par arracher le gouvernail, puis les rames; ce qui n'empêcha pas de monter, au contraire; alors, pensant que la cause en était au petit ballon, on coupa les cordes qui le retenaient, pensant qu'il allait tomber par l'orifice du grand ; il tomba en effet, mais si malheureusement, qu'il boucha complètement cet orifice et qu'il fut impossible de le tirer en dehors.

Nouvelle cause d'ascension et si précipitée qu'en peu d'instants le baromètre accusait une altitude de 4.800 mètres.

Le danger devenait alors imminent, car le gaz du ballon, se dilatant toujours, il y avait à craindre qu'il n'éclatât, les aéronautes, à bout d'efforts pour maintenir libre l'orifice que le petit ballon s'obstinait à boucher, perdaient la tête quand le duc de Chartres, par une présence d'esprit que l'on taxa très injustement de couardise, saisit l'un des drapeaux qui ornaient la nacelle et, avec le fer de la lance, fit, dans l'aérostat, un trou qui détermina une descente aussi précipitée qu'avait été l'ascension, mais qui se modéra quand le ballon traversa une atmosphère plus dense, si bien qu'il arriva sans encombre dans le parc de Meudon, près de l'étang de la Garenne.

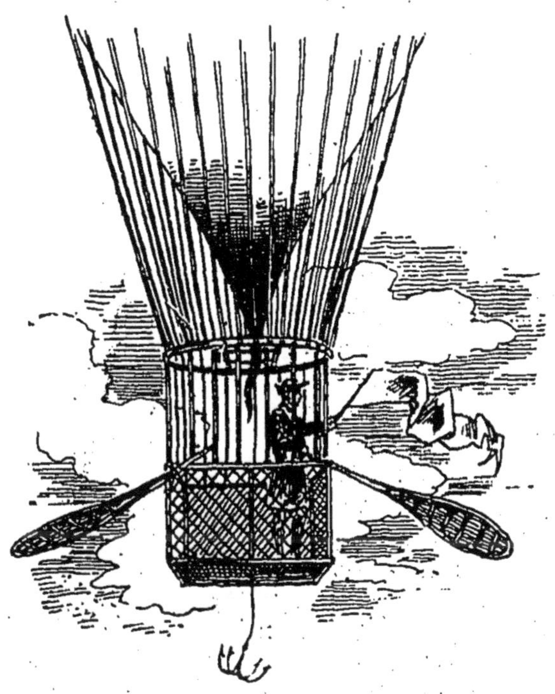

Système Lunardi.

L'expédition avait duré à peine une demi-heure, et comme elle ne fut pas renouvelée, on peut considérer le sytème du duc de Chartres comme n'ayant pas été expérimenté.

L'Angleterre vit quelque temps après un essai du même genre, tenté par le capitaine italien Vincent Lunardi, qui, le 14 septembre 1784, fit à Londres une ascension avec un ballon, sans soupape, de 10 mètres de diamètre, qui devait emporter trois personnes : l'aéronaute, le chevalier Biggin et une jeune Anglaise, Mme Sage (tentée sans doute de donner un démenti à son nom), mais sa force ascensionnelle s'étant trouvée insuffisante, Lunardi partit seul.

Son ballon réussit beaucoup en tant que ballon, mais les longues rames dont il avait pourvu sa nacelle ne lui furent d'aucun secours et ne l'empêchèrent pas d'aller, au gré du vent, tomber près de Standon, dans le comté d'Hertford.

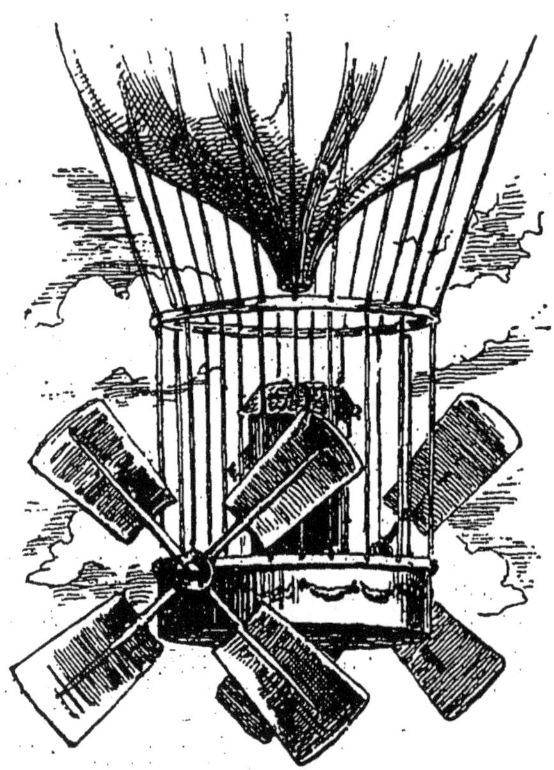

Système Alban et Vallet.

Après Lunardi, il faut citer le docteur Potain qui traversa le canal Saint-Georges, qui sépare l'Irlande de l'Angleterre, à l'aide d'un ballon dont la nacelle était pourvue d'un appareil hélicoïdal, qui n'était qu'un perfectionnement de celui de Blanchard.

Mais il est d'autant moins prouvé que ce fut à cet appareil qu'il dut le succès de sa traversée, qu'il n'essaya point de retourner d'où il était venu ; ce qui lui eût été bien facile s'il avait vraiment trouvé le secret de la direction des ballons.

Cela se passait au printemps de 1785 ; quelques mois plus tard, Paris assistait aux expériences d'Alban et Vallet, directeurs de l'usine de produits chimiques de Javel, qui, à force de fournir de l'hydrogène aux aéronautes, avaient entrepris de le devenir eux-mêmes et de faire avancer la science d'un grand pas.

Leur système consistait dans l'application à la nacelle, de deux jeux de rames disposées comme les ailes d'un moulin à vent, et se mouvant de la nacelle à l'aide d'une manivelle.

Mais leurs essais, qu'ils répétèrent pourtant avec une certaine constance, ne furent point couronnés de succès.

A la même époque, l'abbé Miolan et Janinet faillirent essayer autre chose : une vaste montgolfière qui devait être dirigée dans les airs par l'effet de deux autres ballons, l'un superieur, gonflé d'un air inflammable, l'autre inférieur gonflé seulement d'air atmosphérique, et aussi par l'effet de la montgolfière même qui, percée d'une ouverture latérale, devait trouver un moyen de direction par la réaction qui se produirait dans l'atmosphère par l'air dilaté, échappant de cette ouverture.

Malheureusement, peut-être bien heureusement pour eux, leur montgolfière prit feu pendant l'opération du gonflement et ils en furent quittes pour êtres battus par le public, qui les accusait d'avoir mis le feu eux-mêmes, pour n'être pas obligés de partir et... pour être chansonnés par le reste des Parisiens. Car c'était le moment, où, comme disait Beaumarchais, tout finissait par les chansons.

L'idée d'Alban et Vallet fut reprise et perfectionnée par Testu-Brissy, alors débutant, mais qui devait devenir un aéronaute célèbre.

Au lieu d'ailes de moulin à vent, il imagina de mettre à sa nacelle des aubes de moulin à eau ; il est vrai que cela ne réussit pas davantage.

Testu-Brissy chercha sa notoriété ailleurs; exploitant comme Blanchard la curiosité publique, à l'égard des ballons, il transporta de tous côtés son aérostat, et fut le premier à enlever un cheval dans sa nacelle, non pas attaché et l'équivalent d'un paquet inerte, comme le fit plus tard Poitevin, mais sellé, bridé, et lui servant de monture, ce qui, soit dit en passant, devait être un grand embarras, dans les régions élevées, et une difficulté énorme pour la descente.

Mais revenons aux essais de direction, par les théories de Monge et de Meunier.

Meunier, dont le petit ballon diaphragme n'avait pas réussi

dans l'ascension de Saint-Cloud, tenait à son idée qu'il retourna d'une autre façon, dans un travail assez remarquable.

Ainsi, il voulait un ballon sphérique entouré d'une seconde enveloppe qu'on remplirait d'air comprimé au moyen d'une pompe foulante placé dans la nacelle.

Cette accumulation d'air atmosphérique entre les deux enveloppes donnait du poids au système et lui permettait de pouvoir descendre à volonté.

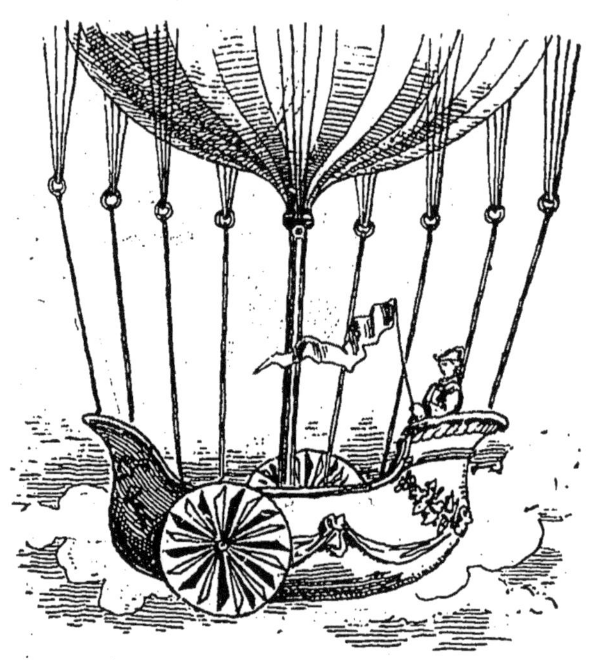

Système Testu-Brissy.

Pour remonter, il suffisait de se délester par une soupape d'une partie de l'air comprimé.

Ce n'était en somme qu'un principe d'aérostation qui mériterait peut-être d'être essayé... Quant à la direction absolue, Meunier avait trop de science pour s'en flatter... Il comptait surtout sur les courants atmosphériques et, pour les chercher, il proposait de fixer à la nacelle un moteur composé d'un certain nombre de palettes en forme d'ailes de moulin à vent, placées avec une telle inclinaison autour d'un axe, qu'en déplaçant l'air elles imprimaient à cet axe un mouvement longitudinal qui devait se communiquer à l'aérostat.

Cette combinaison était peut-être réalisable, mais il aurait fallu pour cela un moteur plus puissant que les bras des passagers et Meunier n'en indiquait pas d'autres.

D'ailleurs, elle ne fut jamais expérimentée, pas plus que le système de Monge, qui, comme on va le voir, n'était pas pratique.

Ascension équestre de Testu-Brissy.

Monge ne voyait la direction de l'aérostat possible, qu'avec une série de vingt-cinq ballons sphériques, attachés l'un à l'autre et se suivant comme les grains d'un chapelet.

Chacun de ces ballons devait avoir, dans sa nacelle, un ou deux aéronautes obéissant au chef de l'expédition et exécutant les ordres qu'il leur transmettrait au moyen de signaux, c'est-à-dire montant et descendant au moyen du lest ou de la soupape, de façon à ce que l'ensemble décrivît dans l'air les mouvements de spirale que fait l'anguille dans une rivière.

C'était bien là, dans toute l'acception du mot, un projet en l'air, et qui ne mériterait pas même mention s'il n'empruntait une certaine autorité au nom de Monge.

Un autre plan, qui ne fut pas mis à exécution, parce qu'à l'époque où il se produisit, on avait autre chose à faire qu'à diriger des ballons, fut celui du baron Scott de Martinville, qui réunit un certain nombre de souscripteurs au commencement de l'année 1789.

Il s'agissait d'un immense aérostat affectant la forme d'un poisson, avec nageoires articulées et mobiles, devant imiter dans l'atmosphère, la marche du poisson dans l'eau ; idée qui avait déjà hanté les Montgolfier, et qui devait être reprise bien des fois.

Le premier qui en essaya la réalisation fut Pauly de Genève, l'inventeur du fusil à piston, qui, en 1816, se mit en tête d'établir à Londres un service de transports aériens et fit construire pour cela un gigantesque ballon, qui, avec la nacelle qui pendait dessous armée d'un gouvernail en queue de poisson et d'une énorme nageoire, avait à peu près la forme d'une baleine.

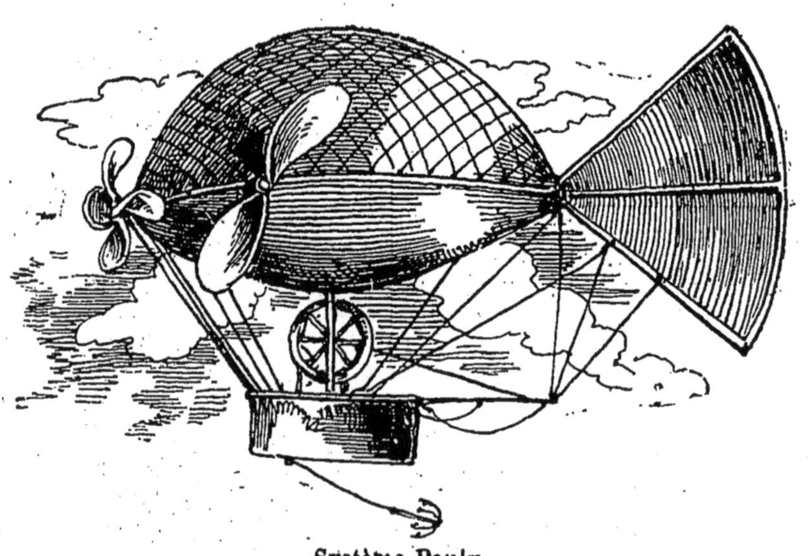

Système Pauly.

Mais le succès ne couronna point son entreprise.

Quelques années avant, un horloger de Vienne, nommé Jacob Deghen, était venu se faire bafouer à Paris.

Cet inventeur avait imaginé d'accrocher, en guise de

nacelle à son aérostat, un appareil composé de deux cerfs-volants et d'un plan incliné qui, devant se porter à droite ou à gauche selon la pression exercée par les pieds ou les mains de l'aéronaute, offrirait à l'air assez de résistance pour imprimer une direction au ballon.

Mais, non seulement l'aérostat ne voulut pas se laisser diriger, mais il refusa de s'enlever, si bien que la populace, exagérant le droit... qu'à la porte on achète en entrant, rossa le pauvre aéronaute et détruisit sa machine, qui, en somme, n'était qu'une imitation non perfectionnée du deuxième système Blanchard.

Après cet insuccès, on fut une dizaine d'années sans entendre parler de direction des ballons, mais le génie inventif se réveilla et Edmond Génet, frère de Mme Campan, qui s'était fixé aux Etats-Unis, publia en 1825 un mémoire sur un aérostat dirigeable, dont il avait obtenu le privilège du gouvernement américain.

Il n'en abusa pas de ce privilège, il ne put même, faute de souscripteurs, en user pour faire construire sa machine, qui se composait d'un ballon ovoïde, long de cent cinquante pieds, large de quarante-six et haut de cinquante-quatre.

Cet aérostat colossal devait recevoir son impulsion d'un manège mû par des chevaux; il fallait pour cela une nacelle d'une certaine ampleur, d'autant que l'inventeur plaçait encore dans cette nacelle les matières et les appareils nécessaires à la fabrication de l'hydrogène.

Vint après le système Dupuis-Delcourt et Régnier.

Il consistait en un ballon de forme ellipsoïde, soutenant, en guise de nacelle, un plancher sur lequel était fixé un arbre terminé par une hélice, et devant prendre son mouvement de rotation d'un engrenage mû par une manivelle.

La notice qui accompagnait ce plan disait :

« Pour obtenir l'ascension ou la descente, on dispose entre l'aérostat et la nacelle un châssis recouvert d'une toile résistante et bien tendue. Si l'aéronaute veut s'élever il baisse l'arrière de ce châssis, et la colonne d'air, glissant en dessous, fait monter la machine. S'il veut descendre, il abaisse le châssis par devant, l'air qui glisse en dessus oblige l'appareil à descendre. »

C'était bien, en supposant un air parfaitement calme; car la moindre bourrasque aurait dérangé tout le système et pas toujours sans danger; mais il n'y avait là de prévu que la montée et la descente, qui s'obtiennent bien plus facilement

Machine à voler de Deghen.

avec le lest et la soupape; la direction dans l'air restait toujours à l'état de problème.

Ce projet, du reste, ne fut pas mis à exécution et Dupuis-Delcourt consacra ses ressources et son génie inventif à la construction de son électro-substracteur, qui occupa beaucoup plus la science.

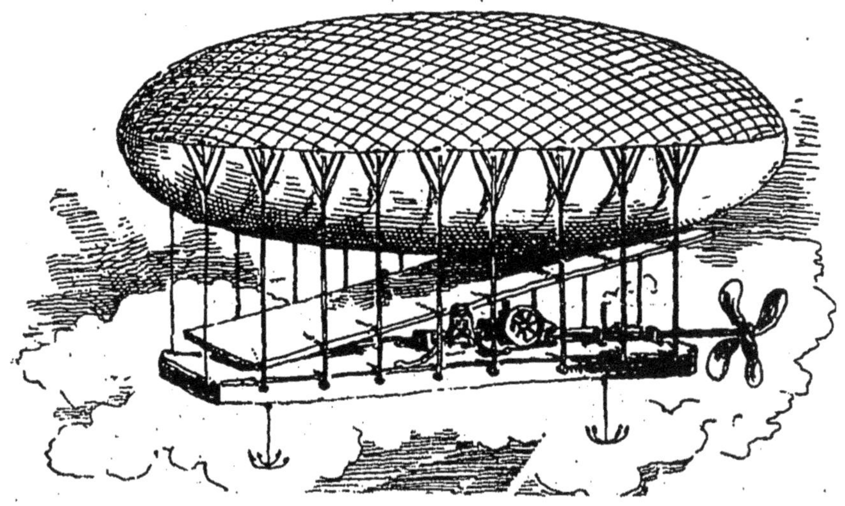

Système Dupuis-Delcourt.

A la vérité, il n'était plus question de direction de ballon, il s'agissait d'un appareil gonflé d'hydrogène pur, destiné à se maintenir à une hauteur de mille à quinze cents mètres pour établir une relation continue entre le fluide électrique de l'air et celui de la terre, et devenir ainsi, grâce à sa forme cylindrique dont les extrémités étaient armées de pointes, un paratonnerre aérien.

L'inventeur mit des années à chercher une matière suffisamment imperméable pour conserver indéfiniment l'hydrogène dans ses flancs; il trouva enfin que le cuivre en lames très minces remplissait toutes les conditions voulues, se ruina dans la construction de son aérostat et mourut sans avoir la satisfaction de le voir expérimenter.

M. de Lennox, qui se ruina aussi pour l'aréostation, mais sans profit pour la science, puisqu'il rêvait la direction, ne fut pas plus heureux.

Ayant jeté une centaine de mille francs dans la construction d'un aérostat dirigeable, devant contenir le gaz pendant plus de quinze jours, il ne put réussir à essayer son système.

Le 17 août 1834, il annonça une expérience publique, et la foule, quoique un peu blasée déjà par des déconvenues précédentes, s'assembla au Champ de Mars.

L'*Aigle*, tel était le nom de l'aérostat, était magnifique d'aspect, il avait 50 mètres de long sur 20 de hauteur, et sa nacelle, longue de 20 mètres, pouvait, d'après le programme, enlever dix-sept personnes sans compter le gouvernail, les rames tournantes, les vessies natatoires et les autres agrès qui devaient servir à le diriger.

Mais tout cela était si pesant que le ballon ne put s'élever de terre, ce que voyant, la multitude, comme un enfant, qui brise un jouet dont il ne peut pas se servir, le mit en pièces, détruisant ainsi, par un accès de mauvaise humeur, les espérances et la fortune d'un homme qui n'avait que le tort de ne pas réussir du premier coup.

Après cet essai malheureux vint celui de M. Eubriot en octobre 1839.

L'aérostat de cet inventeur avait la forme d'un œuf; mais par un faux calcul, il se présentait par le gros bout : ce qui donnait plus de difficulté, au mouvement qu'on avait la prétention de lui donner, avec des moyens bien insuffisants d'ailleurs, puisqu'ils consistaient en deux moulinets actionnés à bras d'hommes.

C'était encore à recommencer, mais les mécaniciens ne se décourageaient pas et l'on vit apparaître successivement, tant sur le papier que dans les airs, c'est-à-dire beaucoup plus sur le papier, les divers systèmes dont nous allons dire quelques mots.

Le système Henin consistait dans un ballon sphérique, portant au-dessous de la nacelle un parachute posé en sens inverse dans le but de ralentir l'ascension du ballon et de favoriser l'action de l'air, sur trois voiles attachées à l'aérostat par de véritables vergues, et qu'on pouvait gouverner et orienter de la nacelle, exactement comme les voiles d'un canot.

Ce n'était, en somme, que la modification du système Ruder, qui comportait aussi des voiles, mais qui, au lieu d'un parachute au-dessous de sa nacelle, avait un second aérostat sphérique comme le premier, mais d'une puissance ascensionnelle moindre pour pouvoir toujours rester au-dessous.

Et de fait, si ce second globe eût pu se tenir constamment à bout de cable, au-dessous de l'autre, la direction, au moins partielle, eût été possible.

Mais toute la question était là. L'idée de M. Henin fut reprise bientôt par M. Transon qui voulait se servir du parachute, fixé, alors, au filet du ballon, comme d'un gouvernail qu'on pouvait manœuvrer de la nacelle, non pas absolument comme un moyen de direction, mais comme moyen de stabilité, ce qui est déjà un point capital.

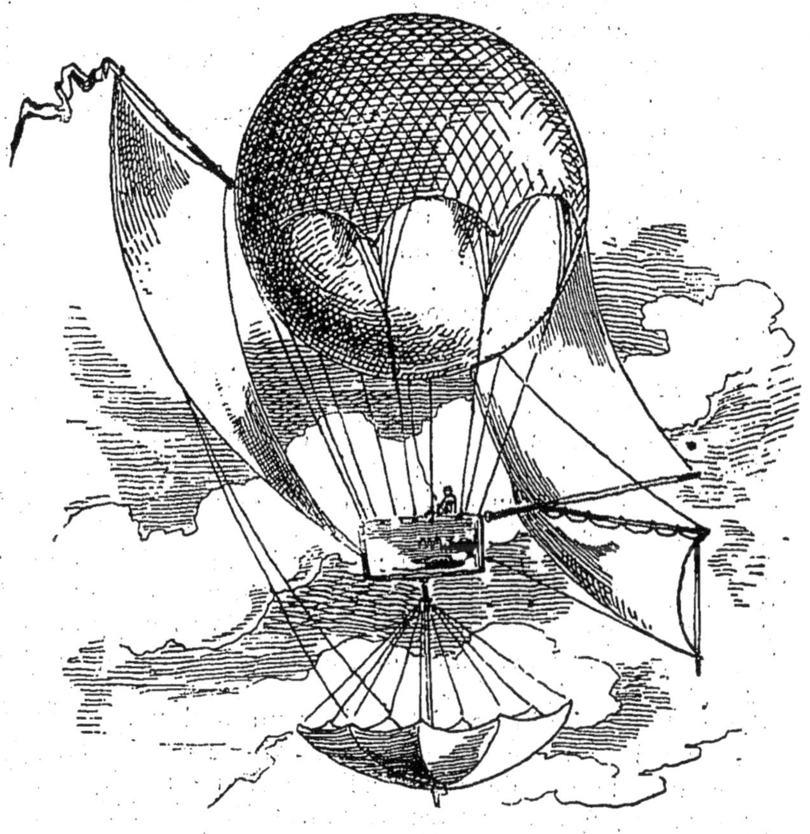

Système Henin.

Quant à la direction il ne la jugeait possible que par l'accouplement de deux ballons, ainsi qu'il l'écrivait lui-même dans le *Magasin Pittoresque* (mai 1844).

« J'ai eu soin, dit-il, d'expliquer pourquoi c'est une tentative chimérique de vouloir obtenir la locomotion dans l'air, au moyen d'une force qu'on développerait au sein même de la couche dans laquelle on prétend naviguer. Mais la question change de face si on se propose de tirer parti de quelques forces naturelles extérieures au navire aérien, extérieures même à la couche d'air où il est plongé.

« Ces forces existent : ce sont les courants de direction diverse qui, fréquemment, règnent à la fois dans l'atmosphère, mais à des hauteurs différentes.

« Construisons deux ballons que nous réunirons par un câble de retenue. L'un d'eux aura une force ascensionnelle plus grande que l'autre, assez grande pour à la fois atteindre une région plus élevée, et aussi soutenir tout le poids du câble. Les deux ballons, ainsi liés ensemble, forment d'ailleurs un système libre dans l'espace; c'est ce système de deux ballons conjugués que j'appelle l'*aéronef*.

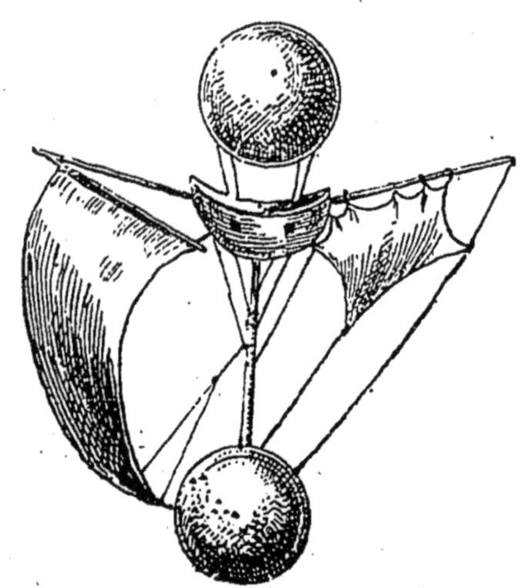

Système Ruder.

« Supposons, d'ailleurs, l'existence actuelle d'un courant supérieur, de même que, pour la navigation à la mer, il faut bien supposer l'existence du vent lorsqu'on ne veut pas placer dans le navire même une force motrice.

« Le ballon supérieur de l'aéronef aura atteint la région où règne ce courant, tandis que le ballon inférieur se trouvera dans une région calme. Le premier obéira donc au courant; mais il n'en prendra pas toute la vitesse comme s'il était isolé, car il traîne à la remorque son compagnon. »

De là, l'auteur conclut qu'en manœuvrant habilement les voiles dans les deux ballons à la fois, on doit arriver à diriger l'aéronef.

C'est fort bien, la théorie est parfaite et la déduction

rationnelle, mais le point de départ est-il exact ? est-on sûr de trouver des courants superposés ?

Là est la question.

Il y en a même encore une autre, car une fois les courants trouvés, il n'est pas assuré que, malgré sa force ascensionnelle moindre, on puisse tenir le ballon qui n'a rien à porter dans une région suffisamment inférieure à l'autre, sans arriver à le dégonfler très vite à force de faire jouer la soupape.

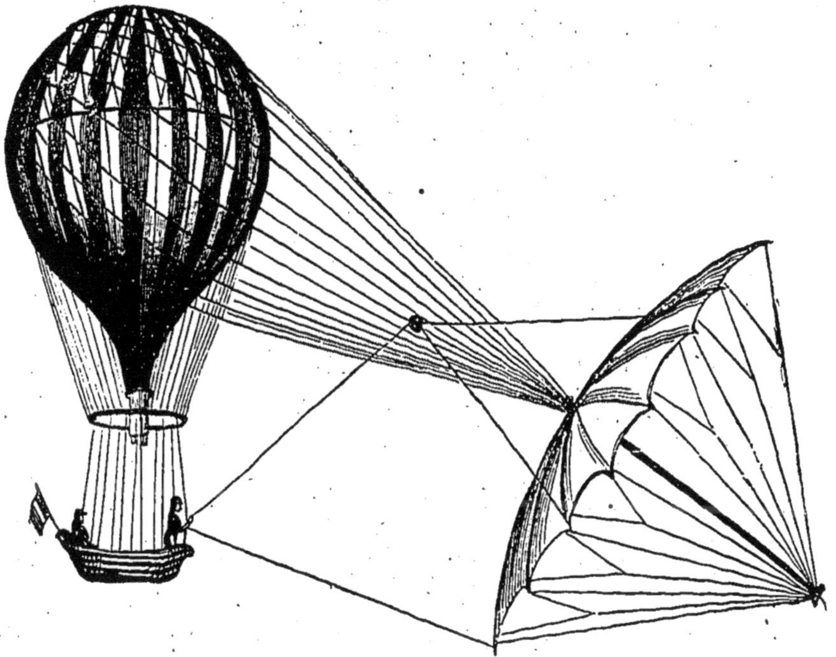

Système Transon.

L'expérience n'ayant jamais été faite, on ne peut émettre que des conjectures, mais elles ne sont pas favorables à la réussite, d'autant qu'en ce qui concerne l'effet à espérer des voiles, tout avait été essayé déjà et en dernier lieu par l'aéronaute anglais Green, et l'allemand Segel.

Green, faisant les choses largement, posait sur le cerle de son aérostat une longue vergue sur laquelle s'enroulait au besoin une voile trapézoïdale, relativement vaste, qu'il pouvait, au moyen de poulies, hisser jusqu'à l'équateur du ballon.

Vingt fois il renouvela ses tentatives, et vingt fois il ne réussit qu'à une chose, qui tombe d'ailleurs sous le sens, c'est-à-dire à prouver qu'une voile adaptée à un aérostat ne fait qu'augmenter la surface déjà considérable qu'il donne en prise aux courants aériens et par conséquent neutralise absolument toute puissance directrice.

Système Segel.

La voile de Segel partait aussi de l'équateur, mais elle venait aboutir dans la nacelle même, ce qui était embarras de plus ; en outre la nacelle même était encore munie d'avirons, le tout pouvant servir d'auxiliaire au courant d'air atmosphérique, mais restant de nul effet en sens contraire.

On ne s'en convainquit pas de sitôt et si les inventeurs abandonnèrent peu à peu les voiles, nombre d'entre eux cherchèrent encore un point d'appui par les avirons, notamment Lehmann qui, dans une ascension assez remarquable qu'il fit au Prater de Vienne, munit sa nacelle de trois paires de longues rames, qui firent beaucoup d'effet au départ, mais ne lui rendirent aucun service, lorsqu'il fut en l'air.

Il avait pourtant modifié la forme de son ballon qui était plus allongé que ceux qu'on avait contruits jusqu'alors.

Le système Helle, qui n'était qu'une combinaison de volants et d'hélices mus par la force de deux hommes, ne donna pas plus de résultats que tous les ballons à rames expérimentés déjà ; les moyens étaient perfectionnés en ce sens que la nacelle, carrée, portait une hélice sur chaque face et qu'une cinquième pendait au-dessous pour servir de gouvernail, mais tout cela ne pouvait avoir d'action sur un ballon shérique.

Ce qui fut prouvé surabondamment par les essais faits en Allemagne par Schlechtweg de Fribourg et Carl Rosemberg.

Ce dernier avait imaginé un ballon cylindrique, supportant en guise de nacelle, une demi-sphère d'un diamètre double et dans laquelle était installée une paire de rames à aubes, devant communiquer le mouvement à l'aérostat.

Système Helle.

C'était le système Testu-Brissy, si peu perfectionné qu'il ne réussit pas mieux.

Schlechtweg avait muni son aérostat sphérique d'un équateur et d'armatures en fer, pour soutenir une assez lourde nacelle en forme de galerie circulaire et d'un diamètre égal sinon plus grand que celui de l'équateur du ballon.

A cette nacelle étaient fixées quatre hélices, aux extrémités de deux arbres se croisant à angle droit et munis d'engrenages pour recevoir leur mouvement d'un moteur, sur lequel on manque de détails, probablement parce qu'il n'y en avait point à donner; car c'est toujours par le moteur que pèchent les inventions que nous passons brièvement en revue.

Le système Jarcot, qui fit après cela quelque bruit, bien

que resté sans application, rompait en visière avec la forme adoptée.

Son aérostat, rappelant, du reste, celui de Pauly, était allongé comme une gigantesque moitié d'œuf posée en travers ; au-dessous pendait une nacelle aussi longue que le ballon, munie à l'avant d'une hélice communiquant par un arbre de couche avec un gouvernail articulé en queue de poisson.

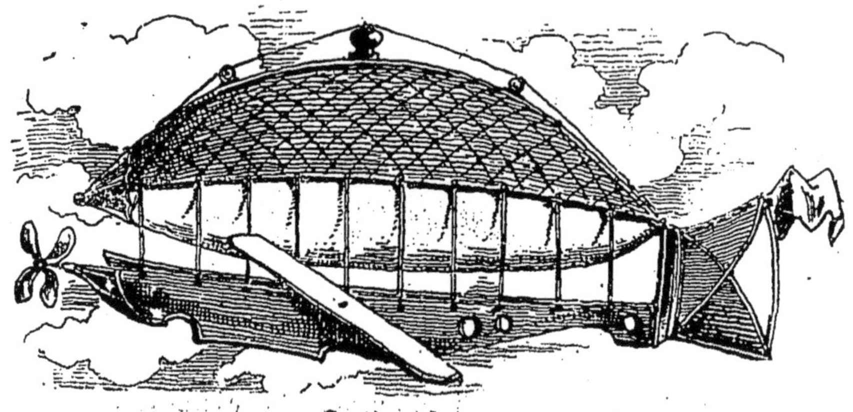

Système Jarcot.

Au milieu de la nacelle une puissante nageoire aurait pu avoir quelque prise sur l'élément atmosphérique, si l'appareil avait été pourvu d'un moteur capable de lui imprimer des mouvements suffisamment précipités pour lutter contre les courants aériens.

Mais le moteur faisait complètement défaut, l'inventeur se contenta du reste de publier ses plans sans essayer de les mettre en pratique.

Cette forme de poisson, la meilleure peut-être pour l'aérostat dirigeable — autant que cela est possible — a été adoptée aussi par MM. Julien et Samson qui, s'appuyant sur les expériences faites à l'hippodrome avec un appareil de sept mètres de longueur dont les hélices, mises en mouvement par un ressort d'horlogerie, fonctionnèrent très bien dans une atmosphère abritée, construisirent un ballon plus effilé que celui de Jarcot et disposé d'ailleurs tout autrement.

Cet aérostat avait pour populseurs deux hélices, mais elles n'étaient pas adaptées à la nacelle, point mort dans l'espace, mais au centre même de la résistance, sur l'équateur du ballon.

« Ce fut encore le moteur qui manqua, car le ressort d'horlogerie, qu'il faut remontrer trop souvent pour que les interruptions de mouvement ne soient pas nuisibles à la marche, est incapable de donner la force nécessaire.

Il nous en reste autant à dire de quelques sytèmes allemands, ayant à peu près le même point départ et dont les plus connus sont ceux de B. Bell et de Mertens.

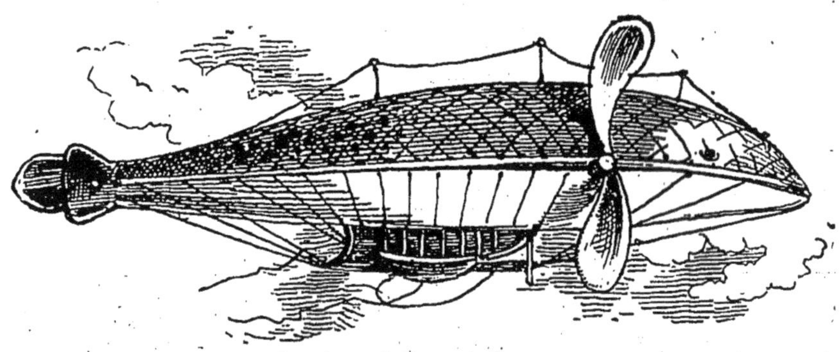

Système Julien et Samson.

Le premier se composait d'un aérostat cylindrique, terminé en cone des deux bouts, mais auquel une carcasse en osier treillissé donnait une certaine consistance, même avant le gonflement.

La nacelle, allongée, était chargée d'une hélice double et d'un gouvernail très allongé en forme de spatule.

L'aérostat Mertens était encore plus compliqué ; affectant la forme d'un cigare, il était traversé de part en part, d'un axe qui se terminait à l'avant par une pointe devant lui frayer sa route, et à l'arrière par un gouvernail en queue de poisson.

La nacelle était dans l'aérostat même et suspendue à l'axe autour duquel devaient tourner au moyen d'un moteur... à trouver, une série de roues qui devaient déplacer l'air et permettre la direction du ballon.

Mais tout cela était d'autant plus contingent que le moteur était pas trouvé.

Le système Petin, qui apparut vers 1851, revenait à la forme sphérique des ballons, seulement il ne se contentait pas d'un seul.

L'inventeur, jadis bonnetier dans la rue Saint-Denis, ce qui ne l'empêchait pas d'avoir des idées, réunit quatre aréostats dans le sens horizontal et leur donna en guise de nacelle

Système Petin.

unique, une sorte de pont composé d'une charpente en bois de 66 mètres de long sur 10 de large.

Le plancher de ce pont était formé de châssis mobiles garnis de toile, et que l'on pouvait faire jouer comme les lames d'une jalousie, pour offrir plus ou moins de résistance à l'air atmosphérique.

En outre, aux extrémités prolongées de ce pont, s'élevaient des voiles triangulaire fixées à l'équateur des ballons extrêmes.

L'ensemble ne manquait ni de grandiose ni d'harmonie, surtout sur le dessin, où les ballons, bien gonflés, ne songeaient point à se heurter pour dévier de la position verticale.

Mais la pratique ne laissait pas d'être inquiétante ; car cet appareil qui péchait par le point de départ, puisqu'il ne possédait point de moteur, ne pouvait se mouvoir (si les diverses forces ascensionnelles des quatre ballons ne s'y opposaient pas) qu'en montant ou en descendant.

Or, comme pour s'élever ou s'abaisser, il faut perdre du lest ou du gaz, il s'ensuivait qu'on ne pouvait atteindre une partie du but proposé, qu'au détriment des éléments constitutifs du mouvement.

Ces objections, et bien d'autres furent faites à M Petin, mais il ne s'en inquiéta pas, organisa partout des conférences pour recueillir les capitaux nécessaires à l'exécution de son projet.

Au mois de septembre 1851, son appareil était construit, mais la préfecture de police lui refusa l'autorisation d'exécuter son ascension, dans la crainte de compromettre l'existence des personnes qui devaient partir avec lui.

L'inventeur jeta les hauts cris, ce qui s'explique de reste, et passa en Angleterre, où il ne put davantage faire son expérience.

Il fut plus heureux aux Etats-Unis, du moins au point de vue des autorisations nécessaires ; la libre Amérique lui permit de risquer sa vie et celle des hommes de son équipage en enlevant son aérostat sur la place d'armes à la Nouvelle-Orléans.

Il n'en abusa pas, car il ne put jamais arriver à gonfler ses quatre ballons.

L'expérience est toujours à faire, n'étant jamais venu à l'idée de personne de mettre à profit les combinaisons de M. Petin.

Mais elle ne se fera pas maintenant puisque la solution du problème de la direction des ballons sans donner encore de résultats pratiques, est absolument trouvée.

L. Huard.

SCEAUX. — IMPRIMERIE CHARAIRE ET Cie.

www.ingramcontent.com/pod-product-compliance
Ingram Content Group UK Ltd.
Pitfield, Milton Keynes, MK11 3LW, UK
UKHW022158190726
13855UKWH00004B/1531